# BEI GRIN MACHT SICH IHR WISSEN BEZAHLT

Linda Liebl

# Nachwachsende Rohstoffe und Naturschutz

## Chance oder Problem?

GRIN Verlag

**Bibliografische Information der Deutschen Nationalbibliothek:**

Die Deutsche Bibliothek verzeichnet diese Publikation in der Deutschen National-
bibliografie; detaillierte bibliografische Daten sind im Internet über http://dnb.d-
nb.de/ abrufbar.

**Impressum:**

Copyright © 2007 GRIN Verlag GmbH
Druck und Bindung: Books on Demand GmbH, Norderstedt Germany
ISBN: 978-3-640-26577-0

**Dieses Buch bei GRIN:**

http://www.grin.com/de/e-book/122071/nachwachsende-rohstoffe-und-naturschutz

**GRIN - Your knowledge has value**

Der GRIN Verlag publiziert seit 1998 wissenschaftliche Arbeiten von Studenten, Hochschullehrern und anderen Akademikern als eBook und gedrucktes Buch. Die Verlagswebsite www.grin.com ist die ideale Plattform zur Veröffentlichung von Hausarbeiten, Abschlussarbeiten, wissenschaftlichen Aufsätzen, Dissertationen und Fachbüchern.

**Besuchen Sie uns im Internet:**

http://www.grin.com/

http://www.facebook.com/grincom

http://www.twitter.com/grin_com

**Leibniz Universität Hannover, Fachbereich Architektur und
Landschaft, Institut für Umweltplanung,
Abteilung Landschaftspflege und Naturschutz**

# Nachwachsende Rohstoffe und Naturschutz –

## Chance oder Problem?

Bearbeiterin: Linda Liebl

Seminar *Planungsbezogene Ökologie II* im SS 2007

**Inhalt**

## 1. Nachwachsende Rohstoffe (NaWaRos) und ihre Nutzungsmöglichkeiten

Nachwachsende Rohstoffe gehören zu den erneuerbaren Ressourcen und bestehen aus land- und forstwirtschaftlichen Produkten, die nicht zur Nahrungsversorgung angebaut werden. Dabei unterscheidet man zwischen Nebenprodukten und Reststoffen aus der Land- und Forstwirtschaft, wie zum Beispiel Rest- und Schwachholz oder Stroh und Gülle, anfallendem Schnittgut aus der Landschaftspflege und eigens zur energetischen Nutzung angebauten Energiepflanzen (RODE et al. 2005: 20). Die hauptsächlich gewonnen Rohstoffe sind Biogas, Pflanzenöle, Stärke, Zucker, Pflanzenfasern und besondere Inhaltsstoffe, z.b. ätherische Öle oder Farbstoffe.

Es bietet sich in fast allen Bereichen ein sehr großes Spektrum an Nutzungsmöglichkeiten für nachwachsende Rohstoffe. In der stofflichen Nutzung können sie als Ersatz von Erdöl in allen Wirtschaftsbereichen eingesetzt werden. Hauptsächlich kommen sie jedoch für Kraft- und Treibstoffe und die Strom- und Wärmeerzeugung in Frage (FRAKTION BÜNDNIS 90/ DIE GRÜNEN 2005: 6).

### 1.1 Die stoffliche Nutzung

Die Möglichkeiten zur stofflichen Nutzung von nachwachsenden Rohstoffen sind sehr vielseitig. Stoffe wie Garne und Stoffe, Holz als Baustoff, Stroh und Hanf als Dämmstoffe und Pflanzenöle als Schmierstoffe sind ohne größere physikalische oder chemische Umwandlungen herzustellen. Weitere Verwendungsgebiete sind unter anderem Grundstoffe für Wasch- und Reinigungsmittel, Lacke und Textilien. Selbst Chemikalien und Kunststoffe, die bislang fast ausschließlich aus Erdöl bestehen, lassen sich aus NaWaRos herstellen. Dazu werden die gesamten Pflanzen mit Stiel und Blättern in Bioraffinerien durch chemische und biologische Prozesse zerlegt und in industriell nutzbare Rohstoffe umgewandelt.

Ein Vorteil der stofflichen Nutzung für die Umwelt besteht darin, dass die Produkte nach Beendigung der Nutzung nicht teuer entsorgt werden müssen, sondern als klimaneutraler Wärmelieferant thermisch verwertet werden können (ebd.).

### 1.2 Kraftstoffe aus Biomasse

Es gibt verschiedene Biokraftstoffe, von denen Biodiesel aus Raps der bekannteste und gebräuchlichste ist. Sowohl das unbehandelte Rapsöl, als auch Rapsölmethylester (RME) werden in Verbrennungsmotoren genutzt (RODE et al. 2005: 18). Weitere Biokraftstoffe sind naturbelassene Pflanzenöle von Ölpalmen oder Sonnenblumen, welche unbehandelt oder nach der Umesterung als Biodiesel eingesetzt werden können (WWF 2004: 1). Ihr Einsatz bietet sich besonders in ökologisch sensiblen Gebieten an.

Bioethanol ist ein Alkohol, der aus der Vergärung von hoch zucker- und stärkehaltigen Pflanzen gewonnen und dem Benzin bis zu 5 % beigemischt wird. Um ein höheres Mischungsverhältnis zu nutzen, sind spezielle Motoren notwendig.

Eine weitere Kraftstoffart ist der synthetische Biomass-to-liquid-Kraftstoff (BtL). Dieser Diesel ist sehr hochwertig und verbrennt sauberer als mineralischer Diesel. Für die Herstellung von BtL kann ein sehr breites Spektrum von Energiepflanzen genutzt werden, sodass man von einer erhöhten Nutzung in der Zukunft ausgehen kann (FRAKTION BÜNDNIS 90/ DIE GRÜNEN 2005: 8).

### 1.3 Strom- und Wärmeerzeugung aus Biomasse

Das größte Nutzungspotenzial von Biomasse stellt die Strom- und Wärmeproduktion dar. Es gibt viele verschiedene Technologien, mit denen Biomasse zu Strom und Wärme umgewandelt werden kann, von denen sich jedoch die meisten noch in der Entwicklungsphase befinden. Zu den zur Zeit marktreifen Technologien gehört vor allem der Dampfkraftprozess zur biogenen **Festbrennstoff**verwertung mit oder ohne Wärmeauskopplung. Die Biomasse wird in einem Kessel verbrannt und der dabei entstehende Druck wird in einem Dampfmotor entspannt. Dies ist der am weitesten verbreitete Prozess zur Stromerzeugung (RODE et al. 2005: 18).

Eine weitere Möglichkeit besteht in der Verbrennung von **Pflanzenölen** in Blockheizkraftwerken. Dieses Verfahren produziert sowohl Strom als auch Wärme (NABU: 1).

**Biogas** zur Nutzung in Verbrennungsmotoren mit oder ohne Wärmeauskopplung hat ein besonders hohes Potenzial, da sämtliche biogene Nebenprodukte pflanzlicher und tierischer Herkunft, sowie nachwachsende Rohstoffe für die Vergärung zu Biogas genutzt werden können (RODE et al. 2005: 18 f.).

### 2. Nutzung von Biomasse als Energieträger

Vor allem zur Strom- und Wärmeproduktion sowie zur Kraftstoffherstellung wird Biomasse voraussichtlich in Zukunft eine sehr große Rolle spielen. Dazu werden biogene Feststoffe zur Verbrennung in Dampfkraftprozessen, Rapsöle in ölbetriebenen Verbrennungsmotoren sowie Ganzpflanzen zur Vergärung in Biogasanlagen verwendet (RODE et al. 2005: 136). Das Biogas wird anschließend in Blockheizkraftwerken (BHKW) mit oder ohne Kraft-Wärme-Kopplung verbrannt (HAASE ENERGIETECHNIK GRUPPE 2007).

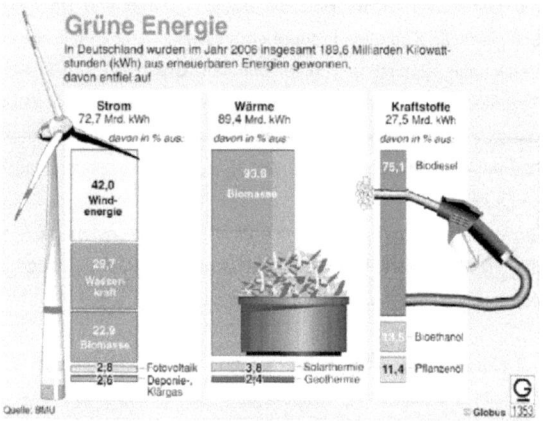

Abb. 1: Biomasseanteil an der Menge der erneuerbaren Energien

Biomasse stellt eine sehr bedeutende Energiequelle dar. Schon 2005 wurden etwa 3,25 % des Primärenergieverbrauchs in Deutschland durch Bioenergie gedeckt. Bis 2050 kann der Anteil der Energie aus Biomasse 20 % erreichen, wenn gleichzeitig der Verbrauch um 50 % gesenkt wird (BUND 2007: 5).

Biogene Energieträger haben eine viel geringere Dichtemasse als fossile Brennstoffe, sodass für die gleiche Menge an Energie eine größere Menge an Rohstoffen notwendig ist. Außerdem ist die Qualität der Biomasse im Gegensatz zur nahrungsmittelproduzierenden Landwirtschaft nicht von Bedeutung, sodass biogene Energieträger hauptsächlich nach dem Gesichtspunkt der Quantität angebaut werden. Die wenigen qualitativen Ansprüche an die Biomasse sind ein geringer Protein- und

Stickstoffgehalt, da diese bei der Verbrennung zu hohen Schadstoffemissionen führen, und ein geringer Lignin- und Celluloseanteil, da diese Stoffe bei der Vergärung schlecht abbaubar sind (RODE et al. 2005: 136; KALTSCHMITT et al. 2002: 15).

## 2.1 Dampfkraftprozesse

In Dampfkraftprozessen können Festbrennstoffe verwendet werden. Es kommt sowohl holzige als auch halmgutartige Biomasse aus der Land- und Forstwirtschaft in Frage.

Es wird allerdings hauptsächlich Holz genutzt, da die Techniken zur Holzverbrennung weitgehend ausgereift sind (RODE et al. 2005: 21). Das Holz wird aus dem Rest- und Schwachholz gewonnen, das bei der Durchforstung anfällt. Auch das Restholz aus der industriellen Weiterverarbeitung und nach der Endnutzung kann verwendet werden, sofern es sich um unbehandeltes Holz handelt (ebd.: 25). Ein größeres Potenzial ergibt sich jedoch in der Anpflanzung von Kurzumtriebsplantagen aus schnellwachsenden Baumarten wie zum Beispiel Populus und Salix, da diese Plantagen vollständig geerntet werden können.

Halmgutartige Festbrennstoffe sind hauptsächlich Getreidestroh, Landschaftspflegeheu und Straßengrünschnitt. Diese Stoffe haben jedoch häufig kritische Inhaltsstoffe, da sie gedüngt worden sind oder durch den Straßenstandort mit Schadstoffen belastet sein können. Die Verbrennung solcher belasteten Stoffe führt zu erhöhten Emissionen an Stickstoff und Chlorverbindungen (ebd.: 25). Diese Risiken führen zu einer weitgehenden Vermeidung der Nutzung halmgutartiger Brennstoffe für die Energieproduktion (ebd.: 21). Dennoch wird diese Art von Biomasse auch als Energiepflanze angebaut. Hierbei eignen sich hauptsächlich Getreidepflanzen mit hohem Gesamtpflanzenertrag wie Weizen, Roggen und Triticale, Futtergräser und Chinaschilf (ebd.: 27). Diese Pflanzen werden ohne Düngemitteleinsatz angebaut, sodass die Gefahr von Emissionen bei der Verbrennung minimiert wird.

## 2.2 Biogasanlagen

Für die Vergärung eignen sich alle Pflanzen mit einem hohen Anteil anaerob abbaubarer Substanzen. Besonders wertvoll sind Arten mit einem hohen Zucker- und Stärkeanteil, während zu sich hohe Lignin- und Cellulosegehalte negativ auf die Verwertbarkeit in der Biogasproduktion auswirken (s. Kapitel 2: Nutzung von Biomasse als Energieträger). Auch Biomasse, die hohe Schadstoffbelastungen aufweist, ist zu vermeiden, da die Schadstoffe in den Gärrückständen zurückbleiben.

*Abb. 2: Biogasanlage in Lichtenberg*

Dies hat negative Folgen, weil die Rückstände nach der Vergärung als Gülle in der Landwirtschaft genutzt werden.

Das Grundsubstrat in Biogasanlagen ist meist Gülle oder Mist, das mit Biomasse als Kosubstrat vergoren wird, wodurch die Biogasausbeute erheblich steigt. Der Biomasse wird Energie hauptsächlich in Form von Methangas entzogen, während die Nährstoffe der Pflanzen in den Gärrückständen zurückbleiben. Daher ist das ausgegorene Substrat ein wertvoller Dünger, durch dessen Ausbringung auf den Acker der Stoffkreislauf wieder geschlossen wird (ebd.: 42). Ein Nebenprodukt der Verstromung von Biogas in Blockheizkraftwerken ist Wärme, welche als Prozesswärme in der Industrie oder zu Heizzwecken genutzt werden kann. Daher ist ein Standort in der Nähe von Gewerbebetrieben für BHKWs immer sinnvoll, um einen hohen Wärmenutzungsgrad zu gewährleisten (WWF 2004: 3, NABU: 4).

Die verwendete Biomasse wird vor der Vergärung zerkleinert und in einem Silo luftdicht verschlossen. Durch diese Silierung steht das Material das ganze Jahr über konstant zur Verfügung. Für einen hohen Biogasertrag eignet sich daher ein Mehrkulturen-Nutzungssystem, in dem die Ernte von zwei oder mehreren Kulturen pro Jahr energetisch genutzt wird. Diese Mehrfachnutzung wirkt sich wiederum positiv auf den Biomasseertrag aus, da die Pflanzen noch vor der generativen Wachstumsphase geerntet werden. Auch die Verwendung von alten Genotypen zur Biogasproduktion ist denkbar, da diese einen höheren Gesamtpflanzenertrag erzielen (RODE et al. 2005: 40).

Es gibt zwei verschiedene Verfahren der Biogasproduktion, die Nassfermentation und die bisher noch wenig verbreitete Trockenfermentation. Die Nassfermentation eignet sich zur Vergärung flüssiger und krautiger Biomasse, während die Trockenfermentation Substrate mit bis zu 30 % Trockensubstanz-Gehalt verarbeiten kann. Damit bietet die Trockenfermentation eine Möglichkeit, auch Stoffe mit hohem Ligningehalt energetisch zu verwerten (DVL, NABU 2007: 3 f.).

Prinzipiell eignen sich also sehr viele Pflanzen zur Biogasproduktion, u.a. Mais, Gräser, Futterrüben, Raps, Ölrettich, Klee, Getreide, Kartoffel usw. In der Praxis kommen jedoch hauptsächlich Silomais, Futterrüben und Gräser zum Einsatz. Die Vorteile von Silomais liegen darin, dass er sich kostengünstig und unkompliziert anbauen lässt. Außerdem gibt es Züchtungen von Maissorten, die in der vegetativen Wachstumsphase besonders hohe Biomasseerträge erzielen. Auch der Einsatz von Grassilage ist einfach umzusetzen, jedoch ist der Biomasseertrag und die Wachstumsdichte von Gräsern wesentlich geringer als bei Mais. Der erzielbare Biogasertrag von einem Hektar Gräsern entspricht nur einem Bruchteil der möglichen Gasmenge von einem Hektar Mais. Aus Futterrüben lässt sich dagegen ein noch höherer Biogasertrag erwirtschaften, dies ist jedoch sehr aufwändig und durch die notwendige, spezielle Anlagentechnik ist es nicht möglich, nach der Verwertung von Futterrüben auf andere Substrate umzusteigen (RODE et al. 2005: 43 f.).

## 3. Erzeugung energetisch nutzbarer Biomasse und ihre Folgen für den Naturhaushalt

Die Ziele des Naturschutzes sind auf lange Sicht ohne den Klimaschutz nicht durchsetzbar. Der schonende Umgang mit den endlichen Ressourcen dieser Welt und die Reduzierung des Klimagasausstoßes ist ein wesentlicher Schritt zum nachhaltigen Klimaschutz. Im Kyoto-Protokoll hat Deutschland sich verpflichtet, bis 2012 seine Treibhausgasemissionen um 21 % gegenüber 1990 zu reduzieren. Nachwachsende Rohstoffe können einen erheblichen Beitrag zur Senkung des Ausstoßes der klimaschädlichen Treibhausgase leisten, da sie nicht nur in der Lage sind, die fossilen Rohstoffe wie Erdöl, Erdgas und Kohle nachhaltig zu ersetzen, sondern außerdem einen geschlossenen $CO_2$-Kreislauf haben. Die Nutzung von Biomasse ist also im Gegensatz zu fossilen Energieträgern $CO_2$-neutral, da beim Aufbau der Biomasse der Atmosphäre die gleiche Menge $CO_2$ entzogen wird, wie bei der energetischen Verwertung wieder freigesetzt wird (FRAKTION BÜNDNIS 90/ DIE GRÜNEN 2005:

6; NABU 2007: 1). Die energetische Nutzung von Bio-, Klär- und Deponiegas wirkt sich besonders vorteilhaft auf das Klima aus, da „einerseits die in diesen Gasen steckende Energie sonst ungenutzt bliebe und andererseits das hoch klimawirksame Methan in die Atmosphäre entlassen würde" (WWF 2004: 2).

Abb. 3: Biogasanlage – schematisch

Somit ist das Haupteinsatzgebiet der nachwachsende Rohstoffe die klimaschonende Energiegewinnung. Im Folgenden werden die unterschiedlichen Möglichkeiten zur Erzeugung energetischer Biomasse und die daraus resultierenden Chancen und Probleme für den Naturhaushalt dargestellt.

### 3.1 Nebenprodukte und Reststoffe aus der Land- und Forstwirtschaft

In der Forstwirtschaft können jegliche Holzabfälle und Reststoffe genutzt werden, sodass sie das größte energetische Potenzial darstellen (BUND 2007: 9). Vornehmlich wird das Schwach- und Waldrestholz energetisch genutzt, das bei der Durchforstung anfällt. Das höherwertige Stammholz dagegen wird stets der stofflichen Nutzung zugeführt, da es dort effizienter eingesetzt werden kann.

Probleme ergeben sich beim Umgang mit Totholz sowie Nist- und Höhlenbäumen. Diese wurden bisher im Bestand gelassen, um die Biodiversität zu erhalten. Die energetische Nutzung bietet nun jedoch einen hohen Anreiz, auch dieses bisher nicht marktgängige Material zu verwerten. Beispielsweise für Holzhackschnitzel ist auch fauliges und krummes Holz nutzbar.

Eine solche Übernutzung ist auch bei der energetischen Nutzung der Pflegereste von Waldrändern zu befürchten. Ein begradigender Rückschnitt der Waldränder als Grenzlinienbiotope kann zu einem abrupten Übergang von Wald zu Offenland führt. In der energetischen Nutzung von Waldrandpflegeresten kann aber auch die Chance gesehen werden, dass ungepflegte Waldränder wieder mehr gepflegt werden und es so durch die Auflichtung zu einer Verjüngung und einer erhöhten Struktur- und Artenvielfalt des Waldrandes kommt (RODE et al. 2005: 102 ff.).

Bei zu hoher Biomasseentnahme kommt es zu Bodenversauerung und nachlassender Produktivität des Standortes. Daher sollte z.B. auf nährstoffarmen Standorten auf die Nutzung der Baumkronen verzichtet werden, während in Einzelfällen Standorte positiv beeinflusst werden können, wenn dort naturschutzfachlich eine Basenarmut angestrebt wird (ebd.: 106).

In der Landwirtschaft kommt vor allem halmgutartige Biomasse wie Stroh, Korn und Getreidepflanzen als Festbrennstoff für die energetisch Nutzung in Frage, da diese ein Nebenprodukt der Getreideproduktion ist. Des Weiteren werden Rinder- und Schweinegülle, Festmist und tierische und pflanzliche Reststoffe als Basissubstrate in der Biogasproduktion verwendet (RODE et al. 2005: 21). In Sonderfällen werden auch Noternten und landwirtschaftliche Überschüsse zur Verbrennung genutzt. Ebenso kann Grünschnitt von „überschüssigem" Grünland, das nicht mehr durch Schnitt oder Beweidung genutzt wird, der energetischen Nutzung zugeführt werden (ebd.: 25).

Die Verbrennung von Getreide zur Energieerzeugung ist jedoch problematisch, da hohe Stickoxid-, Kohlenmonoxid-, Chlor- und Dioxinemissionen die Folge sind. Getreide eignet sich besser zur Vergärung in Biogasanlagen oder zur Ethanolherstellung. (BUND 2007: 9).

Auch bei der Verbrennung von Stroh und Getreide treten so große Probleme auf, dass halmgutartige Biomasse praktisch kaum genutzt wird. Zum einen gibt es sehr strenge emissionsrechtliche Auflagen, welchen die Verbrennung von stark proteinhaltiger Biomasse durch die Freisetzung von Stickoxiden nicht gerecht werden kann, zum anderen können die hohen Chlorgehalte zur Korrosion der Anlagen führen (RODE et la.: 113).

Auch für den Naturhaushalt ist die Nutzung von Stroh zur Energiegewinnung problematisch, da Getreidestroh die für den Boden wertvollen Nährstoffe Magnesium, Phosphat, Kalium und Stickstoff enthält. Außerdem trägt das auf der Fläche verbleibende Stroh zur Humusbildung bei. Wenn nun die gesamte Biomasse vom Feld entfernt und der energetischen Nutzung zugeführt wird, kann es je nach Standorttyp zu Nähstoffaustrag, Bodenerosion und weniger Humusbildung kommen (ebd.: 115).

Bei der Biogasproduktion dagegen ist es möglich, den Nährstoffkreislauf wieder zu schließen, indem die bei der Biogasgewinnung entstandenen Gärrückstände wieder auf die Fläche ausgebracht werden, da die Nährstoffe bei der Vergärung im Substrat verbleiben (s. Kapitel 2.2: Biogasanlagen). Die Nutzung der Gärrückstände als Dünger bringt Vorteile für die Landwirtschaft, da der Düngewert der Gülle sich durch die Vergärung und Vergasung erhöht und die Nährstoffe von den Pflanzen besser aufgenommen werden können (WWF DEUTSCHLAND 2004: 3). Ebenfalls auf das Klima wirkt sich diese Nutzung positiv aus, da das von der Gülle freigesetzte Methan bereits als Biogas genutzt wurde, sodass die Methanfreisetzung auf dem Feld verringert wird (NABU: 2).

## 3.2 Schnittgut aus Landschaftspflege und Naturschutz

In der Landschaftspflege und im Naturschutz fallen verschiedene Arten von energetisch nutzbarer Biomasse an. So können zum Beispiel die Pflegeabfälle von Parks, Friedhöfen und Straßenböschungen als Koferment in Biogasanlagen energetisch genutzt werden (ebd.: RODE et al. 2005: 25). Flächen mit geringem Ertragspotenzial für die Landwirtschaft bleiben durch die energetische Nutzung des Schnittguts bestehen. So werden der Erhalt von extensiv genutzten Grünlandflächen ermöglicht und Rückzugsräume für gefährdete Arten geschaffen (ebd.: 142). Bei Straßenpflegeschnitt kann eine zu hohe Schadstoffbelastung jedoch zu klimaschädlichen Emissionen bei der Verwertung führen (NABU: 2).

Im Naturschutz fallen bei der Pflege bedeutsamer Biotoptypen wie Wallhecken, Knicks und Nieder- und Mittelwäldern holzige Biomassefraktionen an, sowie halmgutartige Biomasse in Form von Grünschnitt von Kompensationsflächen und extensiv genutztem Feuchtgrünland (AMMERMANN 2005: 13; RODE et al. 2005: 142). Es gibt Offenlandschaften wie Niedermoore und Heide, die aus Naturschutzgründen erhalten bleiben sollen, damit die Biotope dieser Landschaften bestehen bleiben und die Biodiversität gefördert wird. Auch gibt es Standorte, bei denen es ökologisch sinnvoll ist, den Stoffkreislauf zu entlasten, indem Biomasse ausgetragen wird. Um diese Ziele zu erreichen, ist eine kontinuierlichen Pflege notwendig, bei der Biomasse anfällt. Für diese Pflegeabfälle ist die energetische Nutzung sehr sinnvoll, da sie sonst teuer entsorgt werden müssen.

Die Nutzung von Pflegeabfällen zur Energieproduktion birgt jedoch auch Risiken. Durch die große Nachfrage nach biogenen Festbrennstoffen kann es leicht zu einer „Überpflegung" kommen. Ein zu starker Rückschnitt von Bäumen und Hecken kann zur Zerstörung der Biotopfunktion dieser Lebensräume führen. Ebenso bei der Nutzung von Grünschnitt besteht die Gefahr, dass bisher extensiv genutztes Grünland intensiver genutzt wird und dadurch wichtige Lebensgrundlagen für Flora und Fauna verloren gehen (NABU: 2). Vor allem bei Naturschutzgrünland besteht die Gefahr einer zu frühen Mahd, da spät gemähtes Schnittgut einen zu hohen Ligningehalt aufweist (RODE et al. 2005: 119). Dadurch können unter Umständen Bodenbrüter bei der Jungenaufzucht gestört werden.

Ein ebenfalls nicht zu unterschätzendes Problem stellt die geringe Dichte des Aufwuchses von Naturschutzflächen und die Logistik dar. Biogasanlagen werden meist in der Nähe von Flächen mit speziell dafür angebauten Energiepflanzen gebaut, sodass die Naturschutzflächen vergleichsweise weit entfernt sind. Durch das Logistikproblem einerseits und die geringe Masse biogener Stoffe andererseits ist deren Verwertung meist unrentabel (DLG & WWF 2006: 3).

### 3.3 Energiepflanzenanbau

Das größte Potenzial zur energetischen Biomassenutzung besteht im gezielten Anbau von Energiepflanzen in der Land- und Forstwirtschaft (KARAFYLLIS 2000: 69). Wie in Kapitel 2 bereits erwähnt steht für die energetische Biomassenutzung vor allem die Quantität des Materials im Vordergrund, während die Qualität eher eine untergeordnete Rolle spielt. Daher bietet es sich an, Pflanzen gezielt zur Energienutzung anzubauen. Dabei lässt sich unterscheiden zwischen anuellen Öl- und Getreidepflanzen wie Mais, Raps und Weizen, perennierenden Gräsern und Kurzumtriebsplantagen.

Bei einer standortgerechten Auswahl der Kulturarten und der Anbauverfahren ergeben sich theoretisch aus dem Anbau von Energiepflanzen viele Vorteile für den Naturhaushalt (KALTSCHMITT et al. 2002: 19), welche in der Praxis jedoch kaum zum Tragen kommen:

Energiepflanzen können unter extensiven Bedingungen angebaut werden, da sie anspruchsloser sind als Kulturpflanzen zur Nahrungs- und Futtermittelproduktion. So kommen sie mit weniger Mineraldünge- und Pflanzenschutzmitteln aus und können auch auf extremen und weniger ertragreichen Standorten angebaut werden (DLG & WWF 2006: 9).

Im Energiepflanzenanbau können Low-Input-Sorten verwendet werden, die speziell gezüchtet werden, sodass sie einen hohen Stärkegehalt und einen geringen Proteingehalt haben, da sie dann gut als Festbrennstoffe geeignet sind. Diese Sorten wirken sich positiv auf die Natur aus, weil sie weniger Dünger benötigen und standortabhängig überschüssige Nährstoffe aus der Landschaft abbauen können. Auch die Behandlung mit Fungiziden ist meist nicht notwendig. Diese Low-Input-Sorten werden jedoch nur selten angebaut, da die bekannten Getreidesorten für die Landwirte flexibler zu nutzen sind (RODE et al. 2005: 116).

Es gibt Züchtungen, die speziell die vegetative Wachstumsphase optimieren. So wird schon Energiemais angebaut, dessen Trockenmasseertrag 30-35 t/ha/a erreicht. Auch einige alte Sorten, die wegen ihres geringen Fruchtertrags zur Nahrungs- und Futtermittelproduktion nicht mehr genutzt werden, haben einen sehr hohen Biomasseertrag und sind daher gut zur energetischen Nutzung geeignet (ebd.: 132). Auch von den heute gebräuchlichen Pflanzen ist ein breites Kulturarten- und Sortenspektrum nutzbar, woraus sich positive Auswirkungen auf die Biodiversität und das Landschaftsbild ergeben (BUND 2007: 7).

Für Energiepflanzen eignet sich der Mehrkulturenanbau, mit dessen Hilfe der Biomasseertrag und damit der Energieertrag pro Fläche erhöht werden kann, dadurch dass pro Jahr auf einer Fläche zwei oder mehrere Kulturen nacheinander angebaut werden. Diese Bewirtschaftung wirkt sich auch auf den Naturhaushalt positiv aus. Durch eine abgestimmte Fruchtfolge und eine ganzjährige Bodenbedeckung wird der Boden geschont und vor Erosion und Nährstoffaustrag geschützt. Auch der Nitrataustrag ins Grundwasser kann durch die Fruchtfolge verringert werden. In der Praxis wird der Mehrkulturenanbau jedoch noch nicht angewendet, da den Landwirten der entsprechende Erfahrungshintergrund fehlt. Im Moment fühlen sie sich mit dem bekannten Anbauverfahren sicherer und geben diesem daher den Vorzug (RODE et al. 2005: 129 f.).

Biomasse, die zur energetischen Nutzung bestimmt ist, kann auch auf kontaminierten Standorten angebaut werden, die für die konventionelle Landwirtschaft nicht nutzbar sind, wie zum Beispiel Industriebrachen und Auen stark verschmutzter Gewässer. Mit geeigneten Pflanzenkulturen ist es langfristig möglich, mit Schwermetallen belastete Böden schonend und nachhaltig zu dekontaminieren. Die Pflanzen akkumulieren die Schadstoffe und werden danach energetisch verwertet. Bei der Verbrennung oder Vergärung konzentrieren sich diese Schadstoffe dann in der Asche bzw. Schlacke und können auf diese Weise aus dem Stoffkreislauf gezogen werden. Diese sogenannte *Phytoextraktion* bietet eine große Chance für industrielle Brachflächen, sie befindet sich jedoch noch in der Forschungsphase (CLAUSTHALER UMWELTTECHNIK-INSTITUT GMBH 2005).

Auch der Anbau von schnellwachsendem Energieholz auf Kurzumtriebsplantagen kann sich positiv auf die Biodiversität auswirken. Diese Plantagen haben eine Umtriebszeit von drei bis vier, maximal 10 Jahren und die Bäume werden vegetativ, oft durch Stockausschlag, vermehrt. In diesen Kurzumtriebsplantagen bietet sich ein Lebensbereich für niederwaldartige Fauna, da sich durch die frühen Erntezeiten die Waldphase nicht einstellen kann. Auch für das Landschaftsbild kann man sich diese Plantagen positiv vorstellen, da sie den Übergang von Wald zu Offenlandschaften bilden können. In ausgeräumten Landschaften können sie außerdem positiv zur Strukturierung beitragen (RODE et al. 2005: 137 f.). Kurzumtriebsplantagen lassen sich gezielt zur Sicherung von erosionsgefährdeten Standorten einsetzen (BUND 2007: 10). Zur Zeit werden solche Plantagen jedoch fast noch nicht genutzt, da es noch ausreichend Waldenergieholz gibt und es sich außerdem für die Land- und Forstwirte wirtschaftlich nachteilig auswirken kann, wenn sie sich auf dieses eine Produkt festlegen (RODE et al. 2005: 138).

Die aufgeführten Vorteile der energetischen Biomassenutzung lassen erkennen, dass ein standortgerechter und ökologischer Anbau insbesondere von mehrjährigen Energiepflanzen positive Auswirkungen auf Wasserhaushalt, Boden, Artenvielfalt und Landschaftsstruktur haben kann (WWF 2004: 3).

Die Umsetzung des Energiepflanzenanbaus zeigt jedoch eher negative Auswirkungen auf Natur und Landschaft:

Es eignen sich zwar viele verschiedene Arten zur energetischen Nutzung, im Anbau besteht jedoch eine Tendenz zur überwiegenden Nutzung von Silomais, da dieser bei geringstem Aufwand die höchsten Energieerträge aufweist. Wenn Mais nun intensiv angebaut wird, ist mit einer sehr einseitigen Bodenbelastung mit Folgen in Form von Bodenverdichtung und -erosion zu rechnen. Durch den erhöhten Anteil von ertragreichen Energiepflanzen wie Raps und Mais an der Fruchtfolge ist die Ausbreitung von Krankheiten und Resistenzproblemen sowie eine weiter eingeschränkte Biodiversität und verringerte Strukturvielfalt in der Landschaft zu erwarten. Auch ist

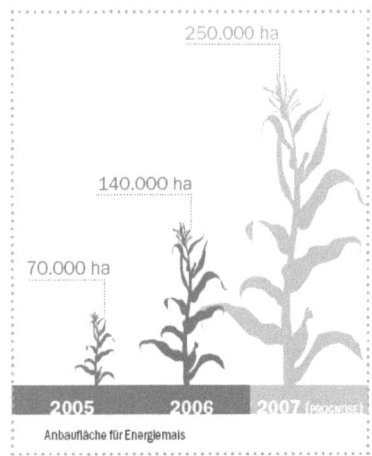

*Abb. 4: Anbaufläche für Energiemais*

beim Anbau von Silomais mit dem Ziel eines höheren Biomasseertrags ein erhöhter Düngemitteleinsatz notwendig, der wiederum zu Nitrateinträgen ins Grundwasser führt (ebd.; DVL & NABU 2007: 6).

Energiepflanzen können allgemein das Landschaftsbild beeinflussen. Vor allem höherwachsende Kulturen wie Chinaschilf, Mais oder Kurzumtriebsplantagen können je nach Landschaftstyp und Anbauumfang als störend empfunden werden (RODE et al. 2005: 140). Unter Umständen können wichtige Blickbeziehungen verstellt werden und die regionalen Eigenheiten gehen verloren. Dies ist vor allem in homogenen und ausgeräumten Landschaften der Fall. Die Ernte zieht einen abrupten Wechsel von hohem Bewuchs zu leerem Acker nach sich. Diese schnelle Änderung kann sich negativ auf die Wahrnehmung des Betrachters auswirken (ebd.: 139 f.).

Es besteht die Gefahr, dass spezielle Sorten mit Hilfe von Gentechnik gezüchtet werden, um besonders hohe Energieerträge zu erwirtschaften. Gentechnisch veränderte Organismen (GVO) beeinträchtigen bei dieser Nutzung zwar nicht die menschliche Gesundheit, alle anderen negativen Auswirkungen des Anbaus von GVOs treten hier jedoch auf. Unabhängig vom Anbauzweck ist zu erwarten, dass sich die GVOs mit verwandten Pflanzen kreuzen und sich unkontrolliert vermehren. So ist es nicht mehr möglich, die Kontaminationsfreiheit von Nahrungs- und Futtermitteln zu garantieren (BUND 2007: 8).

Durch die energetische Nutzung in der Forstwirtschaft ergibt sich ein erhöhter Maschineneinsatz und damit eine vermehrte Wegebeanspruchung, wodurch die Bodenverdichtung erheblich verstärkt wird. Auch die Dichte der Rückegassen nimmt zu, sodass sich die Waldstrukturen verändern werden. Die Zerstörung von Kleinstbiotopen wird die Folge sein (RODE 2006: 7).

Sowohl im Wald als auch auf den Feldern wird sich das Problem des Nährstoffentzugs durch die übermäßige Nutzung von Totholz und humusbildenden Pflanzenresten und Stroh ergeben (RODE & KANNING 2006: 104).

Generell entsteht durch den Anbau von Energiepflanzen eine Flächenkonkurrenz für die Nahrungsmittelproduktion vor allem in Hinsicht auf die angestrebte Ausweitung der flächenintensiven ökologischen Anbaumethoden (NABU: 3) und für den Naturschutz, da nachwachsende Rohstoffe eine sehr viel geringere Dichte aufweisen als die fossilen Rohstoffe, welche sie nach und nach ersetzen sollen (RODE 2006: 2). Vielerorts wird die Grünlandnutzung intensiviert oder zur Schaffung von Ackerfläche umgebrochen, sodass artenreiche und schützenswerte Grünlandgesellschaften verloren gehen. Auf Stilllegungsflächen ist der Anbau von Non-Food-Pflanzen erlaubt, sodass sie zur Produktion von Energiepflanzen genutzt werden dürfen (KARAFYLLIS 2000: 78). Dies führt zum Verlust wichtiger Rückzugsräume für Tiere und Pflanzen.

Da die Pflanzen die generative Wachstumsphase nicht erreichen müssen, werden sie mit Beendigung des vegetativen Wachstums abgeerntet. Dadurch bleibt genügend Zeit, um pro Jahr zwei oder mehr Kulturen anzubauen und einen möglichst hohen Biomasseertrag zu erwirtschaften. Die erste Ernte erfolgt dann bereits zur Hauptbrutzeit vieler Vogelarten im Juni, so dass ein hoher Verlust bei den Bodenbrütern zu erwarten ist. Auch bei den Ackerwildkräutern kann es zu Verlusten kommen, da sie vielfach nicht vor dem Erntetermin zur Aussaat kommen können. (DVL & NABU 2007: 6, RÖSLER 2006: 10 f.).

In den Kapiteln 5 und 6 werden verschiedene Empfehlungen gegeben, wie vor dem hier genannten Hintergrund der verschiedenen Vor- und Nachteile die energetische Biomassenutzung weitgehend naturverträglich gestaltet werden könnte.

## 4. Folgen der Förderung durch das novellierte Erneuerbare-Energien-Gesetz (EEG)

Das novellierte EEG sieht in Verbindung mit der Biomasseverordnung (BiomasseV) in den ersten 20 Jahren eine degressive finanzielle Förderung des Anbaus von Energiepflanzen als nachwachsende Rohstoffe vor. So gibt es nach § 8 EEG im ersten Jahr eine gesetzliche Grundvergütung von bis zu 10,99 Cent/kWh[1] je nach Leistungskraft der Anlage. Für den ausschließlichen Einsatz von nachwachsenden Rohstoffen sowie Gülle sieht das Gesetz einen zusätzlichen Bonus von 4 bis 6 Cent/kWh vor, den sogenannten NaWaRo-Bonus, und 2 Cent/kWh Bonus bei Anlagen mit nachgeschalteter Kraft-Wärmekopplung. Die Anwendung besonders innovativer Verfahren wie z. B. die Trockenfermentation und die Kraft-Wärme-Kopplung wird ebenfalls mit einem Bonus von 2 Cent/kWh honoriert (DVL & NABU 2007: 1 f., BMU 2005: 5 ff.).

Diese hohe Förderung führt zu einer starken Erhöhung des Anteils nachwachsender Rohstoffe an der Strom- und Wärmeproduktion. In Hinblick auf die Knappheit der endlichen Ressourcen ist diese Entwicklung als positiv zu bewerten. Für den Naturschutz ergeben sich dadurch allerdings erhebliche negative Auswirkungen. So werden seit 2004 mit dem Inkrafttreten des EEG hauptsächlich nachwachsende Rohstoffe als Hauptsubstrate in den Biogasanlagen genutzt, während vorher vor allem Gülle und landwirtschaftliche Reststoffe dafür in Frage kamen (DVL & NABU 2007: 1). Dies bedeutet in der Regel konventionellen Pflanzenanbau mit alleiniger energetischer Nutzung, was in der Praxis zu erheblicher Erhöhung des Maisanbaus in Reinkultur führt (BUND 2007: 7). Verantwortlich für diese Entwicklung ist der NaWaRo-Bonus (DVL & NABU 2007: 1).

---

[1] kWh: Kilowattstunde

Des Weiteren wirkt diese hohe Förderung den Bemühungen des Naturschutzes entgegen, den ökologischen Landbau und die Agrarumweltprogramme zu stärken. Diese werden viel weniger subventioniert, sodass die Nutzungskonkurrenz die Flächenpreise in die Höhe treibt und der Ökolandbau und sogar die Milchviehhaltung unrentabel werden. Dies führt auf lange Sicht zu einem fast ausschließlichen Anbau von NaWaRos (ebd.: 6).

## 5. Empfehlungen für eine nachhaltige Biomasseproduktion aus Sicht des Naturschutzes

Aus Naturschutzsicht ergeben sich einige bereits genannte Probleme aus der Biomasseproduktion zur Energiegewinnung. Trotz alledem wird diese Nutzungsart der Biomasse vom Naturschutz nicht abgelehnt, weil sie eine klimaschonende Alternative zur Nutzung fossiler Energieträger darstellt. Naturschutzverbände fordern jedoch, dass der Nachhaltigkeitsaspekt beim Biomasseanbau stets berücksichtig wird. Biogene Energieträger können als nachhaltig angesehen werden, wenn der Natur nur so viel Biomasse entnommen wird, wie im selben Maße nachwachsen kann (BUND 2007: 10). In Kapitel 4 ist deutlich geworden, dass die energetische Nutzung von Biomasse sowohl Vor- als auch Nachteile auf Natur und Umwelt hat. Mit Einhaltung verschiedener Regeln der Nachhaltigkeit sind die Nachteile allerdings stark zu verringern. Um eine nachhaltige Biomasseproduktion zu ermöglichen, wurden von verschiedenen Verbänden Handlungsempfehlungen erarbeitet. Im Folgenden werden vier verschiedene Empfehlungen vorgestellt und erläutert.

- **„Das Kulturarten- und Sortenspektrum (...) sollte zugunsten einer größeren Vielfalt erweitert und neue Anbausysteme zur Praxisreife weiterentwickelt werden."** (DLG & WWF 2006: 1)

Die zur Zeit entstehenden Monokulturen von konkurrenzfähigen Energiepflanzen wie Raps, Mais und Weizen und die damit einhergehenden Probleme sind durch den Mehrkulturenanbau und die Nutzung eines breiteren Kulturartenspektrums und Kurzumtriebsplantagen zu lösen. Die erhöhte Artenvielfalt kann zur Steigerung der Biomasseproduktion und gleichzeitig zur Sicherung der Nachhaltigkeit der Agrarproduktion beitragen. Die Flächenproduktivität wird erhöht, weil die verbesserte Humusbilanz die Bodenfruchtbarkeit erhält (HOFHANSEL & LEHMANN 2005) und die Energiepflanzen durch die ganzjährige Bodenbedeckung der Nährstoffauswaschung und Bodenerosion entgegenwirken, sodass sie neben der Energiegewinnung auch ökologischen Zielen dienen (BUND 2007: 7). Bei der Nutzung vielfältiger Energiepflanzen kann zudem der Einsatz von Pestiziden und Düngemitteln und die intensive Bodenbearbeitung stark vermindert werden (MAIER & KNAUF 2005: 10).

Auch für das Landschaftsbild sind positive Veränderungen zu erreichen, wenn zum Beispiel hochwachsende Kulturen räumlich mit den Waldrändern verbunden werden und sie dadurch einen fließenden Übergang zu flachen Feldern und Wiesen bilden (RODE et al. 2005: 163). Die Förderung neuer Anbausysteme kann somit zu einer vielfältigeren Landschaftsstruktur und erhöhten Biodiversität beitragen. (s. Kapitel 3.3 Energiepflanzenanbau, S. 10)

**„Der Anbau von Energiepflanzen muss ebenso wie der Anbau von Nahrungs- und Futtermitteln nach guter fachlicher Praxis erfolgen."** (DLG & WWF 2006: 2)

Die gute fachliche Praxis regelt den naturverträglichen Anbau aller Nutzpflanzen mit ökologischen Mindeststandards. Für die Energiegewinnung aus land- und forstwirtschaftlichen Reststoffen und Nebenprodukten ist es sehr wichtig, auf die Einhaltung dieser Regeln zu bestehen, da diese Nutzungsart stark zu Übernutzung und Raubbau tendiert, weil sie fast jede Biomassefraktion verwerten kann. Beim Anbau von Biomasse soll genauso wie beim Nahrungs- und Futtermittelanbau der Nährstoff- und Humusgehalt des Bodens berücksichtigt werden und nur eine dementsprechend bedarfsgerechte Düngung erfolgen (RODE et al. 2005: 162). Auch soll ein weitgehender Verzicht auf Pestizide angestrebt werden. Die gute fachliche Praxis sieht außerdem vor, dass bestehendes Grünland nicht umgebrochen oder seine Nutzung intensiviert wird. Auf Stilllegungsflächen soll in der Brutzeit vieler Vögel zwischen dem 01.04 und dem 15.07. eines jeden Jahres nicht geerntet werden. Weitere Forderungen sind eine mindestens 3-gliedrige Fruchtfolge und der Verzicht auf Gentechnik (RÖSLER 2006: 15).

In der Waldwirtschaft wurde bisher bei der Durchforstung nur das Schwach- und Restholz entnommen, während heute auch das Totholz, die Wurzeln und die Blätter bzw. Nadeln verwendet werden können. Die gute fachliche Praxis in der Forstwirtschaft fordert in Kriterium 9 den Verbleib einer angemessenen Menge und Qualität von Totholz im Wald. Nur die konsequente Anwendung dieses Kriteriums kann den Rückgang der Biodiversität durch die energetische Waldnutzung verhindern (RODE et al. 2005: 102 ff.). RODE et al. (2005: 112) fordern außerdem in den Schutzgebietsverordnungen eine zusätzliche Definition des erlaubten Umfangs der energetischen Nutzung, der in Frage kommenden Holzfraktionen, konkreter standorttypenabhängiger Entnahmemengen und die Vorgabe einer bodenschonenden Erntetechnik bzw. Erntelogistik.

- **Auch der Aufwuchs von naturschutzfachlich wertvollen Flächen sollte energetisch genutzt werden. Dazu sind die technologischen und logistischen Probleme zu lösen.** (DLG & WWF 2006: 3)

Pflegeschnittgut aus dem Naturschutz ist für die energetische Verwertung sozusagen prädestiniert, da es kaum einer anderen Nutzung zugeführt werden kann (ebd.). Schwerpunktmäßig sollte dieses Schnittgut sowie sonstige Biomasse aus Reststoffen aus der Landwirtschaft wie Gülle, Bioabfall etc. energetisch genutzt werden, anstatt den Ausbau von Bioenergieplantagen stärker zu fördern. Um diese Nutzung zu ermöglichen, müssen entsprechende Technologien weiterentwickelt und im EEG zielgerichtet gefördert werden, wie zum Beispiel die Trockenfermentation bei der Biogasproduktion, mit der strukturreiches Schnittgut aus der Landschaftspflege verwertet werden kann (BUND 2007: 6). (s. Kapitel 3.2 Schnittgut aus Landschaftspflege und Naturschutz, S. 8 f.)

- **Durch die Produktion von Bioenergie darf es keinen verstärkten Holzeinschlag in wertvollen, schützenswerten Wäldern geben.** ( MAIER & KNAUF 2005: 8)

So soll zum Beispiel die Umwandlung von Naturwäldern oder bereits degradierten Flächen in schnellwachsende Holzplantagen verboten werden. MAIER & KNAUF (2005: 8) empfehlen, zur Bioenergiegewinnung aus Holz nur Holzabfälle aus anderen Nutzungsbereichen zu verwerten, damit der bereits bestehende Nutzungsdruck auf das Ökosystem Wald nicht weiter erhöht wird. „(...) lokale Biogasgewinnung aus landwirtschaftlichen Reststoffen ist sehr sinnvoll, intensivste Monokulturen [und Raubbau an tropischen Wäldern, Boden und Wasser] zur Fütterung von Autos und Groß-Biogasanlagen nicht." (GRAEFE ZU BARINGDORF 2007)

## 6. Zusammenfassung und Fazit

Biomasse lässt sich vielfältig stofflich und energetisch nutzen. Die Energiegewinnung aus NaWaRos hat das größte Potenzial, da Energie aus nachwachsenden Rohstoffen angesichts der Knappheit der fossilen Energieträger dringend benötigt wird und zu ihrer Herstellung theoretisch jede Art von Biomasse eingesetzt werden kann.

In der Praxis bleibt jedoch nur ein relativ geringer Anteil des nutzbaren Biomassepotentials übrig, da es durch verschiedene Faktoren eingeschränkt wird. Die Pyramide in Abbildung 5 stellt die Wirkung der Einflussfaktoren auf das real erschließbare Potenzial dar. Die Menge der theoretisch nutzbaren Biomasse kann technisch nur teilweise verwertet werden, sodass manche Biomassefraktionen wie beispielsweise stark ligninhaltige Stoffe aus der energetischen Nutzung herausfallen, weil die Verwertungsverfahren technisch noch nicht weit genug entwickelt sind.

Auch die wirtschaftlichen Rahmenbedingungen führen wieder zu einer Einschränkung der tatsächlich genutzten Biomasse. Die Landwirte halten an alten und bewährten Anbaumethoden fest, anstatt innovative Anbauverfahren wie den Mehrkulturenanbau zu einer erhöhten Bioenergieproduktion zu nutzen. Auch werden für die energetische Nutzung gut geeignete Pflanzen einfach nicht angebaut, weil die Landwirte keine Erfahrungen im Anbau dieser Kulturen haben. Die staatliche Förderung durch das Erneuerbare-Energien-Gesetz beeinflusst ebenfalls das Nutzungsverhalten von biogenen

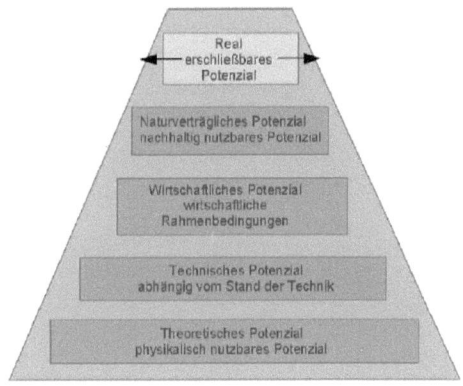

*Abb. 5 : Einflussfaktoren auf das real erschließbare Biomassepotenzial*

Stoffen und führt zur fast ausschließlichen Nutzung von Energiepflanzen.

Zur Beurteilung des real erschließbaren Potenzials wird oft nur das technische und wirtschaftliche Potenzial berücksichtigt (RODE & KANNING 2006: 104). Um jedoch eine nachhaltige Nutzung der nachwachsenden Rohstoffe zu gewährleisten, ist es unverzichtbar, auch das naturverträgliche Potenzial zu berücksichtigen. Biomasse darf nur in dem Maß der Natur entnommen werden, wie sie im gleichen Zeitraum in der Lage ist nachzuwachsen. Die natürlichen Stoffkreisläufe dürfen nicht unterbrochen werden und eine Übernutzung muss vermieden werden.

Der Klimaschutz strebt eine deutliche Erweiterung des real erschließbaren Potenzials an. Um diese Erweiterung zu ermöglichen, müssen die einzelnen Potenziale der Pyramide in Abbildung 5 in umgekehrter Reihenfolge und in Abhängigkeit voneinander verändert werden: Um das naturverträgliche Potenzial auszuweiten, muss sich die Wirtschaftlichkeit für alternative Anbaumethoden und den Anbau von besonders gut geeigneten Pflanzen erhöhen. In dem Zusammenhang ist es wichtig, dass die Landwirte zu einer nachhaltigen Bewirtschaftung beraten und tatkräftig unterstützt werden. Gleichzeitig muss das Erneuerbare-Energien-Gesetz so angepasst werden, dass die Nutzung von Nebenprodukten und Reststoffen aus der Land- und Forstwirtschaft und Pflegeschnittgut aus der Natur- und Landschaftspflege wieder attraktiv wird. Dadurch wird ein größerer Bedarf an Technologien geweckt, die diese Art von Biomasse energetisch verwerten können, und damit die Weiterentwicklung dieser Technologien gefördert. Eine solche Entwicklung würde zu einer erhöhten Ausschöpfung des theoretischen Potenzials führen.

Für den Naturschutz ist es nicht zuletzt sehr wichtig, weitere potenzielle Umweltauswirkungen frühzeitig zu erkennen und zu diskutieren, um mögliche Lösungswege zu entwickeln.

# 7. Quellenverzeichnis

## 7.1 Literaturverzeichnis[2]

AMMERMANN, K., 2006: Biotop versus Bioenergie? 20 S., Wien Stand 07-07-04, http://www.umwelt-bundesamt.at/-fileadmin/site/presse/news2006/Science-Nachlese/kathrin_ammermann_bfn_061113.pdf

BMBF (Hrsg.): Erneuerbare Energien durch Biomasse aus der Phytoextraktion kontaminierter Böden, Stand 07-07-04, http://www.cutec.de/pdf/PhytobeiCutec1006.pdf

BMU (Hrsg.), 2005: Verordnung über die Erzeugung von Strom aus Biomasse (Biomasseverordnung – BiomasseV). 5 S., Stand 07-06-19, http://www.iwr.de/re/eu/recht/biomasseverordnung/biomasse-verordnung.pdf

BMU-Pressereferat (Hrsg.), 2007: Erneuerbare Energien sichern das Klimaschutzziel. Pressedienst Nr. 055/07, Berlin

BUND (Hrsg.), 2007: Energetische Nutzung von Biomasse. BUNDpositionen Nr. 34, 16 S., Berlin

CLAUSTHALER UMWELTTECHNIK-INSTITUT GMBH (Hrsg.), 2005: Interdisziplinäres Netzwerk an der Schnittstelle Erneuerbare Energien und Phytoextraktion. Stand 07-06-13, http://www.uni-protokolle.de/nachrichten/id/98571/

DLG & WWF DEUTSCHLAND (Hrsg.), 2005: Energie aus Biomasse – Herausforderungen für Landwirtschaft und Naturschutz. Workshop der AG Landwirtschaft und Naturschutz von DLG und WWF. 8 S., Berlin, Stand 07-06-19, http://www.wwf.de/fileadmin/fm-wwf/pdf-alt/landwirtscgaft/14.pdf

DLG & WWF DEUTSCHLAND (Hrsg.), 2006: Nachhaltiger Anbau und energetische Verwertung von Biomasse. Empfehlungen der AG Landwirtschaft und Naturschutz von DLG und WWF. 2 S., Frankfurt am Main: DLG-Verlag

DVL & NABU (Hrsg.), 2007: Biogas aus Sicht des Umwelt- und Naturschutzes. 8 S., Ansbach, Berlin, Stand 07-05-31, http://www.lpv.de/fileadmin/user_upload/data_files/Publikationen/biogas_fact-sheet.pdf

FORUM UMWELT UND ENTWICKLUNG (Hrsg.), 2005: Bioenergie – ein Konflikt zwischen Klimaschutz, Naturschutz und Entwicklungspolitik? Stand 07-07-04, http://www.forum-ue.de/-54.0.html?&tx_ttnews%5Btt_news%5D=454&tx_ttnews%5BbackPid%5D=3&cHash=68902f7cd8

---

[2] Wegen der Aktualität des Themas wurde überwiegend das Internet als Recherchequelle genutzt.

FRAKTION BÜNDNIS 90/ DIE GRÜNEN (Hrsg.), 2004: Ölwechsel: Weg vom Erdöl – hin zu nachwachsenden Rohstoffen. 19 S., Berlin, Stand 07-06-19, http://www.gruene-bundestag.de/cms/-beschluesse/dokbin/48/48208.pdf

FRAKTION BÜNDNIS 90/ DIE GRÜNEN, Landtagsfraktion Hessen (Hrsg.), 2005: Weg vom Öl – Die Fraktion informiert. Nachwachsende Rohstoffe – die Ölquelle von morgen. 16 S., Wiesbaden

GRAEFE ZU BARINGDORF, F.-W., 2007: Bauernverband im Treibstoff-Delirium. Presseerklärung zur Grünen Woche. Berlin. Stand 07-06-19, http://www.graefezubaringdorf.de/pdf_presse/07-01-19-EssenTanken.pdf

HAASE ENERGIETECHNIK GRUPPE (Hrsg.), 2003: Biogasanlagen. Neumünster, Stand 07-07-04, http://www.haase-energietechnik.de/de/Products_and_Services/Waste_Treatment/Biogas_Engine-ering/

HOFHANSEL, A. & LEHMANN, E., 2005: Biogas vom Feld - Besonderheiten der Fruchtfolgegestaltung für den Biomasseanbau. Gülzow http://lfamv.de/index.php?/content/view/full/686

JURIS GMBH (Hrsg.), 2004: Gesetz für den Vorrang Erneuerbarer Energien (Erneuerbare-Energien-Gesetz – EEG). 21 S., Stand 07-06-19, http://bundesrecht.juris.de/bundesrecht/eeg_2004/gesamt.pdf

KARAFYLLIS, N., 2000: Nachwachsende Rohstoffe – Technikbewertung zwischen den Leitbildern Wachstum und Nachhaltigkeit. 447 S., Leske und Budrich, Opladen, In: Brand,

K.-W. & Hildebrandt, E.: Soziologie und Ökologie. Band 5, München, Berlin
KATSCHMITT, M., BÖCKER, R., LEWANDOWSKY, I.& KAUPENJOHANN, M., 2002: Nachhaltige Produktion nachwachsender Energieträger. Analyse der Umwelteffekte der Pflanzenproduktion und Entwicklung von Vorhaben für eine nachhaltige Pflanzenproduktion. Abschlussbericht 2002.

MAIER, J. & KNAUF, G., 2005: Weltmarkt für Bioenergie zwischen Klimaschutz und Entwicklungspolitik. Eine NRO-Standpunktbestimmung. Bonn

NABU (Hrsg.): Naturverträgliche energetische Nutzung von Biomasse. 4 S., (NABU Argumente) Bonn, Stand 07-05-31, http://www.nabu.de/energie/biomasse_position.pdf

NIEDERSÄCHSISCHER STÄDTETAG (Hrsg.), 2007: NST-Umwelt-Info-Beitrag Nr. 1.3., 12 S., Hannover

PETERS, W., 2006: Bioenergie und Naturschutz: Sind Synergien durch die Energienutzung von Landschaftspflegeresten möglich? – Akteursworkshop, 27 S., Stand 07-07-04, http://www.oeko.de/-service/naturschutz/Dateien/Projektvorstellung_Naturschutz.pdf

REINHARDT, G. & SCHEURELEN K., 2004: F+E-Vorhaben: Naturschutzaspekte bei der Nutzung erneuerbarer Energien FKZ 801 02 160. 134 S., Stand 07-05-31, http://www.bmu.de/files/-erneuerbare_energien/downloads/application/pdf/endbericht_nataspekte_nutzung_ee.pdf

RODE, M., SCHNEIDER, C., KETELHAKE, G.& REIßHAUER, D., 2005: Naturschutzverträgliche Erzeugung und Nutzung von Biomasse zur Wärme- und Stromgewinnung. Ergebnisse aus dem F+E Vorhaben 80283040 des Bundesamt für Naturschutz. 186 S., Bonn – Bad Godesberg (BfN Skripten 136), Stand 07-05-31, http://bfn.de/fileadmin/MDB/documents/skript136.pdf

RODE, M. & KANNING, H. 2006: Beiträge der räumlichen Planung zur Förderung eines natur- und raumverträglichen Ausbaus des energetischen Biomassepfads. In: BBR (Hrsg.) 2006: Informationen zur Raumentwicklung (Heft 1/2.2006). 104-110, Bonn

RODE, M., 2006: Wie lassen sich Naturschutz, Kulturlandschaftsentwicklung und umfassende Biomasseproduktion integrieren? Natur- und raumverträglicher Ausbau der energetischen Nutzung von Biomasse (SUNREG II). 17 S., Hannover, Stand 07-07-04, http://cms.uni-kassel.de/-uploads/media/Rode__Universit_t_Hannover.pdf

RÖSLER, S., 2006: Nachwachsende Rohstoffe – Chancen oder Risiken für Natur und Landschaft? Pforzheim, Stand 07-06-09, http://www.mlr.baden-wuerttemberg.de/mlr/allgemein/Roesler.pdf

UMWELTBUNDESAMT (Hrsg.), 2007: Stoffstrommanagement von Biomasseabfällen mit dem Ziel der Optimierung der Verwertung organischer Abfälle. 253 S., Stand 07-06-19, http://www.umweltdaten.de/-/publikationen/fpdf-l/3135.pdf

WIEGEMANN, K. & FRITSCHE U. R., 2007: Bioenergie und Naturschutz. Stand 2007-05-31, http://www.oeko.de/service/bio/dateien/de/bioenergie_u_naturschutz.pdf

WWF DEUTSCHLAND (Hrsg.), 2004: Hintergrundinformation – Biomasse – besonders vielseitig. 3 S., Berlin, Stand 07-06-19, http://www.wwf.de/imperia/md/content/klima/Biomasse-besonders_vielseitig_-pdf

WWF DEUTSCHLAND (Hrsg.), 2007: Hintergrundinformation – Zusammenfassung der Studie Nachhaltigkeitsstandards für Bioenergie. 5 S., Berlin, Stand 07-06-19, http://www.wwf.de/fileadmin/fm-wwf/pdf_neu/Standards_Bioenergie_Zusammenfassung_oN.pdf

## 7.2 Abbildungsverzeichnis